中等职业教育国家级
示范学校特色教材

珠宝首饰设计基础篇
—— 手绘

丛书主编　李保俊
本书主编　余　娟
副 主 编　梁嘉颖
主　　审　李　琳　黄淑馨
参　　编　李俊密　陈妙云　吴雪玲

华中科技大学出版社
http://www.hustp.com
中国·武汉

内 容 简 介

本教材分别从艺术创作的角度和商业设计的角度介绍首饰绘制的基本方法,内容主要包括宝石饰品画法、贵金属饰品画法、镶口画法、戒指三视图及立体图画法、项链画法、吊坠画法、手链画法等。通过对个别具体案例的分析,帮助学生掌握首饰绘图设计的基本原则及技巧。

图书在版编目(CIP)数据

珠宝首饰设计基础篇/余娟,梁嘉颖主编. — 武汉:华中科技大学出版社,2014.6(2021.1重印)
中等职业教育国家级示范学校特色教材
ISBN 978-7-5680-0158-8

Ⅰ.①珠… Ⅱ.①余… ②梁… Ⅲ.①宝石-设计-中等专业学校-教材 ②首饰-设计-中等专业学校-教材 Ⅳ.①TS934.3

中国版本图书馆 CIP 数据核字(2014)第 118759 号

珠宝首饰设计基础篇——手绘 余 娟 主编

策划编辑:王红梅
责任编辑:余 涛
封面设计:三 禾
责任校对:刘 竣
责任监印:徐 露

出版发行:华中科技大学出版社(中国·武汉)　　电话:(027)81321913
　　　　　武汉市东湖新技术开发区华工科技园　　邮编:430223
录　排:武汉市洪山区佳年华文印部
印　刷:广东虎彩云印刷有限公司
开　本:787mm×1092mm　1/16
印　张:12
字　数:308 千字
版　次:2021 年 1 月第 1 版第 7 次印刷
定　价:26.80 元(两册)

本书若有印装质量问题,请向出版社营销中心调换
全国免费服务热线:400-6679-118　竭诚为您服务
版权所有　侵权必究

中等职业教育国家级示范学校特色教材

第二批国家中等职业教育改革发展示范学校建设系列成果

编写委员会

主　任：
　　李保俊【佛山市顺德区郑敬诒职业技术学校校长】

副主任：
　　李海东【广东省教育研究院职业教育研究室主任】
　　姜　蕙【佛山市教育局副总督学】
　　郭锡南【佛山市顺德区机械装备制造业商会名誉会长】
　　周军山【佛山市顺德区伦教玻璃机械与玻璃制品商会会长】
　　孔庆安【佛山市顺德区伦教电子信息商会会长】
　　黎凤霞【佛山市顺德区伦教珠宝首饰商会名誉会长】
　　廖国礼【佛山市顺德区机动车维修协会会长】
　　曾继华【广东伊之密精密机械股份有限公司总裁助理】
　　陈永益【佛山市顺德区信源电机有限公司总经理】
　　李秀鹏【海信科龙（广东）空调有限公司人事主任主管】
　　张振宇【佛山裕顺福首饰钻石有限公司钻石厂厂长】
　　阎晓农【广东新协力集团协力汽车维修服务有限公司总经理】
　　张　斌【佛山市西子动画文化传媒有限公司总经理】
　　黄耀连【佛山市伦教国税局股长】
　　占　明【佛山市伦教地税局股长】
　　张伦玠【广东技术师范学院自动化学院教授】
　　周　华【广州番禺职业技术学院机电学院院长】
　　彭国民【佛山市顺德区郑敬诒职业技术学校教学副校长】
　　司徒葵东【佛山市顺德区郑敬诒职业技术学校德育副校长】
　　袁长河【佛山市顺德区郑敬诒职业技术学校教务处主任】

黄惠玲【佛山市顺德区郑敬诒职业技术学校办公室主任】
王　鹏【佛山市顺德区郑敬诒职业技术学校培训处主任】
郭秋生【佛山市顺德区郑敬诒职业技术学校德育处主任】
李　峰【佛山市顺德区郑敬诒职业技术学校总务处主任】

编　委：

（行业企业技术人员）

文太金	黄世奔	肖　武	刘　彬	伍伟杰	陈继权	陈　良
马学涛	贺石林	郑强高	黄志坚	马　力	陈　洪	黄淑馨
吴雪玲	吴伟琼	王宛秋	苏中坤	刘锦成	郭宗海	毕学升
尤丽芳	何伟林	刘泗军	杨庭安	陈盛诏	万　强	李梦琪
何培楠	黄思恒	霍安祥	黄景明	张　凯	杨桂江	何卓娆
刘少冰						

（郑敬诒职业技术学校教师）

陈健生	刘文蔼	陈海标	黎玉珊	李晓萌	韩　冰	谭顺翔
杨新强	杨　进	李　琳	冯永亮	陈　刚	周　蓓	杨炳星
肖伟红	胡易明	廖小清	曾小兵	曾　敏	刘玉东	杨海源
封　濬	庞致军	马雪兰	张　俊	高文博	梁启津	熊浩龙
段传正	李成交	李胜利	颜佳曙	卢成峰	周昌立	冀殿琛
余　娟	梁嘉颖	陈妙云	吕平平	李俊密	吴文杰	李　珊
苏新蕾	简昶开	赵连勇	巫益平	彭　程	李　飞	莫伟明
王　晶	刘伟旋	颜　俊	黄健欢	李　璇	刘　勇	黄兴富
吴佩莹	邹志伟	赖春丽	周泳江	梁建林	李智灵	陈丽鸣
梁玉珍	罗小梅	李佩文	虞天颖	周　玲		

序

2010年,教育部、人力资源和社会保障部、财政部印发《关于实施国家中等职业教育改革发展示范学校建设计划的意见》(教职成〔2010〕9号),决定从2010年到2013年组织实施国家中等职业教育改革发展示范学校建设计划,形成一批代表国家职业教育办学水平的中等职业学校,以此带动全国中等职业学校深化改革、加快发展、提高质量、办出特色。

广东作为全国的经济大省和全球重要的制造业基地,职业教育一直受到政府的高度重视,职业教育发展水平也位居全国前列。在佛山市顺德区委、区政府的正确领导下,经过多年的建设,顺德中等职业教育坚持以服务经济社会为宗旨,获得了高速发展,形成了"一镇一校、一校一品、优质均衡"的职教格局。随着改革开放的不断深入和产业结构调整步伐的加快,进一步深化职业教育教学改革,着力培养具有创新思维、过硬技能和较高职业素养的技术技能型人才,是职业教育面临的新挑战和新机遇。

佛山市顺德区郑敬诒职业技术学校,位于"中国木工机械重镇""中国玻璃机械重镇"和"中国珠宝玉石首饰特色产业基地"——顺德区伦教街道。2011年,经国家三部委遴选,成为国家中等职业教育改革发展示范建设学校,并于2012年6月正式启动国家中等职业教育改革发展示范学校建设工作。两年来,学校坚持"以人为本,打造品牌,突出特色,服务社会"的办学理念,遵循"为学生成功奠基,为社会发展服务"的办学宗旨,紧贴当地经济发展带来的人才需求特点,围绕改革办学模式、改革培养模式、改革教学模式、创新教育内容、加强教师队伍建设、完善内部管理、改革评价模式七大任务,扎实开展职业教育理论研究,大胆实施探索实践,取得了一系列建设成果。两年的建设过程,备尝辛苦,因为面临繁重的建设任务,也因为建设中需要面对各种挑战和付出艰辛努力;两年的建设过程,亦觉甘之如饴,因为教师迎来了难得的进步新机遇,学生获得了宝贵的成长新空间,学校更赢得了可喜的提升新突破。

在示范校建设任务即将完成之际,郑敬诒职业技术学校将育人理念、专业人才培养方案、课程标准、教师优秀教学设计、校企合作优秀案例和学生优秀作品等一批成果整理成册、汇编出版,比较全面地反映出学校两年来的建设成效,也凝聚了全校师生的智慧和汗水。希望这些成果能为其他中职学校提供参考和借鉴,真正发挥示范校的引领、骨干和辐射作用。

借此机会,仅以个人的名义,对两年来关心、支持和帮助郑敬诒职业技术学校示范校建设项目的各位领导、行业企业热心人士、职业教育专家们表示衷心感谢!也祝愿郑敬诒职业技术学校百尺竿头更进一步!

2014年5月20日

前 言

本教材是为了适应当前中等职业技术学校以提高学生的综合能力为教学目标的教学改革需要,根据以工作过程为导向的中等职业教育"十二五"规划教材的编写要求,以最新课程——效果导向课程模式理论而编写的。

本教材分手绘、电绘两部分,本书为手绘部分,以珠宝首饰设计绘图的基础知识为主线,主要是从企业商业设计角度来介绍宝石画法、贵金属饰品等首饰设计的方法及技巧。通过对优秀作品个案分析的方式,帮助学生掌握首饰设计的基本原则和技巧。

编者在结合自身企业工作经历与教学经验的基础上,参考了日本《珠宝首饰设计入门》一书编写了本教材,本书既适用于中等职业技术学校的珠宝设计课程的教学,也可作为相关从业人员的培训教材。教学中,可以根据专业的实际情况对教材的内容和顺序进行处理。

本书主要讲授了最新的设计思路及实用的设计方法,通过学习,应能理解设计绘图规则,并使用专门的绘图工具,即使缺乏绘画基础,也可以做出具有一定水平的珠宝首饰设计图。

本书由佛山市顺德区郑敬诒职业技术学校骨干教师共同编写,其中主编为余娟,副主编为梁嘉颖。具体编写分工为:第一章工具的使用和第二章常见宝石画法由李俊密、梁嘉颖共同编写,第三章由陈妙云和吴雪玲(万辉珠宝有限公司设计师)编写,第四章由余娟编写。

本书的编写得到了佛山顺德裕顺福首饰钻石有限公司的鼎力支持,尤其是周大福资深设计师黄淑馨女士提供了绘图资料并提出的宝贵意见,在此一并表示感谢。

　　由于编者水平有限,书中难免出现错漏之处,敬请广大读者批评指正。

编　者
2014 年 3 月

目 录

第一章 珠宝首饰设计的工具 …………………………………………………… (1)

第二章 常见宝石画法 …………………………………………………………… (3)

    2.1 圆形切割的画法 ………………………………………………………… (3)

    2.2 马眼形切割的画法 ……………………………………………………… (5)

    2.3 椭圆形切割的画法 ……………………………………………………… (6)

    2.4 梨形切割的画法 ………………………………………………………… (8)

    2.5 心形切割的画法 ………………………………………………………… (10)

    2.6 方形切割的画法 ………………………………………………………… (12)

    2.7 祖母绿形切割的画法 …………………………………………………… (13)

    2.8 蛋面切割的画法 ………………………………………………………… (15)

第三章 贵金属的画法 …………………………………………………………… (17)

    3.1 轻重线条的应用 ………………………………………………………… (17)

    3.2 平面金属的画法 ………………………………………………………… (19)

    3.3 弯曲面金属的画法 ……………………………………………………… (20)

    3.4 浑圆面金属的画法 ……………………………………………………… (21)

    3.5 常见宝石的镶法 ………………………………………………………… (25)

    3.6 小颗宝石爪镶的画法 …………………………………………………… (26)

    3.7 钉镶的画法(配石) ……………………………………………………… (27)

第四章 珠宝首饰设计图的画法及实例 ……………………………………………… (30)
4.1 首饰的画法 …………………………………………………………………… (30)
4.2 主视图的画法 ………………………………………………………………… (31)
4.3 俯视图的画法 ………………………………………………………………… (32)
4.4 侧视图的画法 ………………………………………………………………… (33)
4.5 立体图的画法 ………………………………………………………………… (33)
4.6 项链的画法 …………………………………………………………………… (35)
4.7 耳环纯金属造型练习 ………………………………………………………… (37)
4.8 吊坠画法 ……………………………………………………………………… (41)
4.9 胸针的绘制 …………………………………………………………………… (45)
4.10 手镯的绘制 ………………………………………………………………… (48)
4.11 男士珠宝的画法 …………………………………………………………… (50)

参考文献 …………………………………………………………………………… (53)

第一章　珠宝首饰设计的工具

珠宝首饰设计是指用图纸表达的方式对首饰进行创作,即将头脑中对某一首饰创意和构思用图纸逼真地表达出来。

珠宝设计手绘工具有很多,常用的主要有以下几种。

1. 珠宝绘图用纸

珠宝绘图用纸实际上有以下三种(不含裱褙图)。

(1) 速描纸:白色不透明,一般速描绘图用纸张,运用于草图和灵感速记。

(2) 描图纸:白色微透明,薄而柔软,用于水彩蜡笔上色、描图投影、阴影视觉、复制完稿图和修改设计,一般不防水。

(3) 描图皮纸:白色微透明(可以有不同颜色),磅数高、纸厚,用于粉彩颜料上色和完稿图。

2. 珠宝绘图用笔

珠宝绘图用笔如图 1-1 所示。

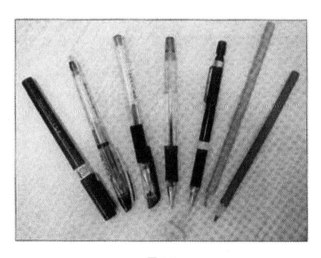

图 1-1

(1) 初稿和速描:一般用 B~2B 铅笔,笔芯较软,修改和擦拭容易。

(2) 完稿图:一般用 0.3H 自动铅笔,硬度高,不易修改和擦拭,适合绘小钻部分。

注:使用模板绘图时,铅笔最好与模板呈垂直状态。

（3）彩绘：水彩笔用 0～2 号（可依个人喜好且各地标准不同）。

3. 绘图尺

珠宝绘图用尺如图 1-2 所示。

图 1-2

（1）三角板：一般有等边三角形和直角三角形两种形式。

（2）绘图模板：主要有圆形、椭圆形，其他可依个人需求购置。

4. 其他绘图常用工具

其他绘图常用工具有铅笔切削器、可撕式胶布、橡皮擦（可以根据具体情况切成三角形或者小方形使用）、游标卡尺（测量具体宝石或者实物尺寸）、调色盘、水粉或者水彩颜料。

第二章 常见宝石画法

在首饰设计中,宝石的美主要透过宝石的切割线和阴影来表现。常见的宝石琢形有圆形切割、马眼形切割、椭圆形切割、梨形切割、心形切割、方形切割、梯形切割、祖母绿形切割、蛋面切割和其他切割宝石的画法。

2.1 圆形切割的画法

一、简单圆形切割的画法

其具体步骤如下(见图 2-1)。

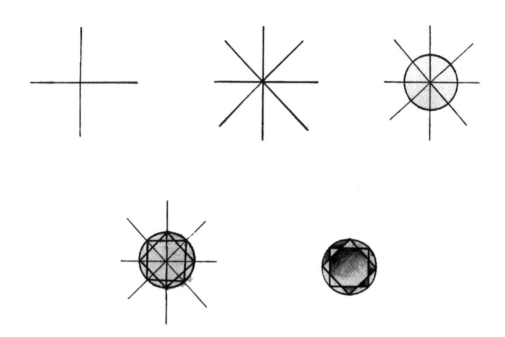

图 2-1

(1) 画出十字定线。

(2) 画出45°角分线。

(3) 用圆形规板以宝石的直径画一个圆,这个圆就是圆形切割外形线。

(4) 连接十字定线与圆形外形线之间的交叉点,则形成一个正方形;同样连接对角线与圆形外形线之间的交叉点,形成另一个正方形。

(5) 擦掉辅助线,画出整个图面阴影。

尺寸:15 mm×15 mm。

二、复杂圆形切割的画法

其具体步骤如下(见图 2-2)。

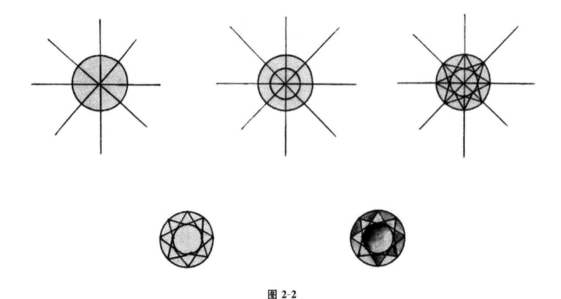

图 2-2

(1) 画出十字定线及圆形。

(2) 在圆形当中再画一个小圆,连接十字定线,画出45°角线与小圆之间的交叉点。

(3) 连接所有的交叉点后,形成切割面。

(4) 擦掉圆形内、外侧所有的辅助线。

(5) 画上阴影。

尺寸:15 mm×15 mm。

2.2 马眼形切割的画法

一、简单马眼形切割的画法

其具体步骤如下(见图2-3)。

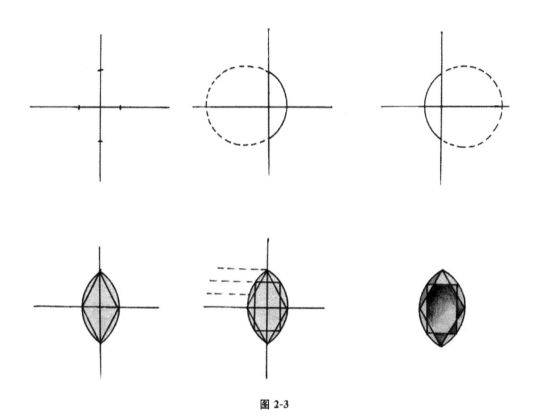

图 2-3

(1) 画出十字定线,决定宝石的长度及宽度,以十字定线的交叉点为中心点,在宝石宽度及长度的一半处画上记号。

(2) 将圆形规板的水平记号与水平定线相应合,画出能通过该记号的圆弧。

(3) 连接十字定线与圆弧之间的交叉点。

(4) 从顶点至长度的一半部分分成三等分,在1/3处画出宝石的切割面。

(5) 擦掉辅助线,并添加阴影。

尺寸:18 mm×10 mm。

二、复杂马眼形切割的画法

其具体步骤如下(见图2-4)。

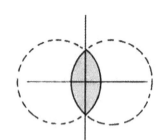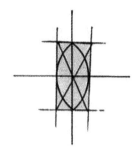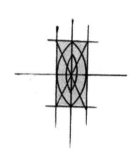

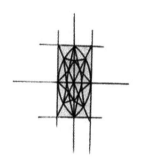

图 2-4

(1) 以圆形规板配合水平定线,画出能通过宝石长度与宽度记号的圆。
(2) 画出马眼形的外切长方形,并画出对角线。
(3) 以圆形规板在宝石内侧画出另一个较小的类似圆形。
(4) 以十字定线及对角线为起点画出宝石的切割面。
(5) 擦掉辅助线,添加阴影。

尺寸:18 mm×9 mm。

2.3　椭圆形切割的画法

一、简单椭圆形切割的画法

其具体步骤如下(见图 2-5)。
(1) 画出十字定线,在宝石宽度和长度的 1/2 处标上记号。
(2) 以椭圆规板画出能通过记号的椭圆。
(3) 连接十字定线与椭圆之间的交叉点。
(4) 从顶点至长度一半部分分成三等分,在 1/3 处标上记号,画出宝石的切割面。
(5) 擦掉辅助线,添加阴影。

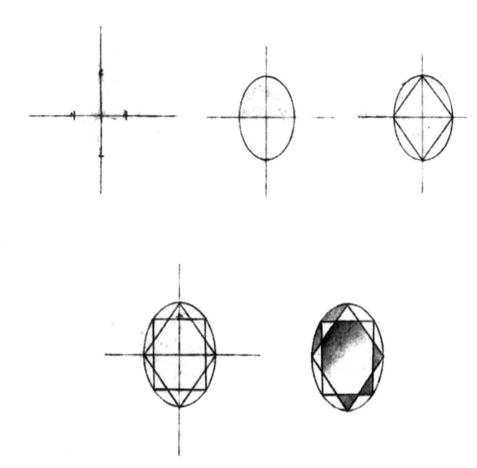

图 2-5

尺寸:18 mm×12 mm。

二、复杂椭圆形切割的画法

其具体步骤如下(见图 2-6)。

(1) 画出十字定线及椭圆,在其外围画一外切长方形。
(2) 在长方形内画出对角线。
(3) 在椭圆内侧画出另一个较小的椭圆。
(4) 以十字定线及对角线为起点,画出宝石的切割面。
(5) 擦掉辅助线,添加阴影。

尺寸:16 mm×12 mm。

注意:

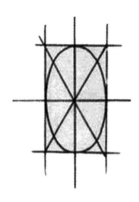
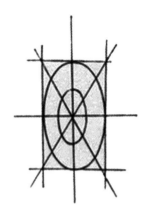
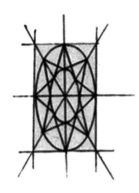

图 2-6

（1）马眼和椭圆形切割线的具体位置（纵向的第一个 $\frac{1}{3}$ 处和最后一个 $\frac{1}{3}$ 处）。

（2）复杂琢形绘画时要注意内外形的比例。一般来讲，内形大小为外形的 $\frac{1}{3}$ 到 $\frac{1}{2}$ 时比较美观。

2.4 梨形切割的画法

一、简单梨形切割的画法

其具体步骤如下（见图 2-7）。

（1）画出十字定线，以宝石的宽度为直径画出半圆，以宝石之长度在纵轴上标上记号。

(2) 将圆形规板的水平记号与水平定线相应合,画出能通过该记号的圆(左、右两边各画一个)。

(3) 连接十字定线与梨形之间的交叉点。

(4) 从顶点至水平定线中心之间分成三等分,在三分之一处标上记号并画出平行线,底部也以相同间隔画出平行线。

(5) 连接这些线与梨形之间的交叉点。

(6) 擦掉辅助线,添加阴影。

尺寸:18 mm×12 mm。

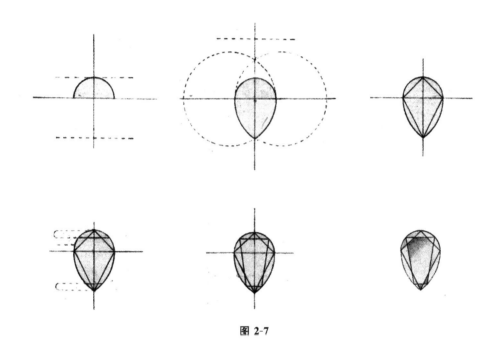

图 2-7

二、复杂梨形切割的画法

其具体步骤如下(见图 2-8)。

(1) 画出十字定线,在中心处画一个半圆,以宝石的长度在纵轴上标上记号。

(2) 将圆形规板的水平记号与水平定线相应合,画出能通过记号的圆。

(3) 画出与梨形相连接的长方形,并画出对角线,在内侧画一个较小的梨形。

(4) 以十字定线和对角线为起点,画出宝石的切割面。

(5) 擦掉辅助线,添加阴影。

尺寸:21 mm×15 mm。

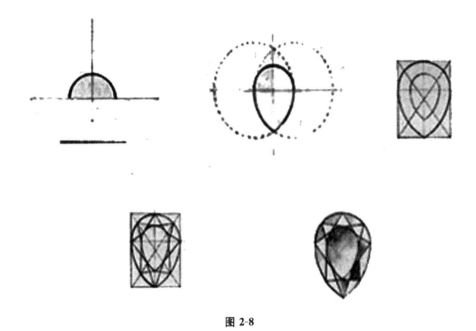

图 2-8

2.5 心形切割的画法

一、简单心形切割的画法

其具体步骤如下(见图 2-9)。

(1) 画出十字定线,画两个以心形宝石宽度一半为直径的半圆。

(2) 以宝石的长度为纵轴,以圆形规板连接两圆与下部之底点,形成心形。

(3) 连接各个圆之中心与十字定线之间的点。

(4) 从顶点到水平线之间的一半处标上记号,并画出水平线,下半部也以相同的间隔尺寸画出水平线。

(5) 连接上、下水平线与圆之交叉点。

(6) 擦掉辅助线,添加阴影。

尺寸:16 mm×15 mm。

二、复杂心形切割的画法

其具体步骤如下(见图 2-10)。

(1) 画出十字定线,与图 2-9 所示的一样以同样方式画出心形。

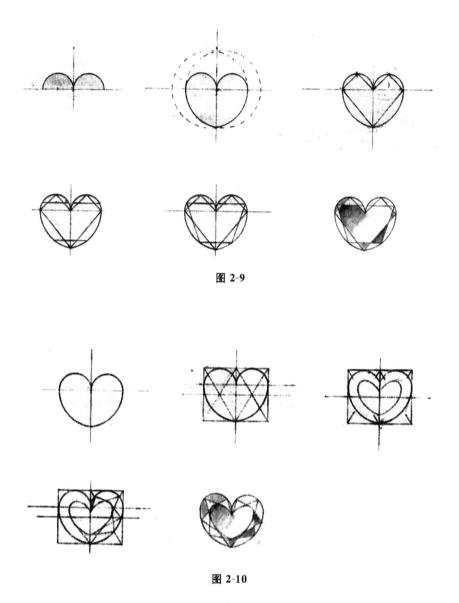

图 2-9

图 2-10

（2）在心形外围画一个长方形，左、右画出对角线并连接两对角线之交叉点，形成水平线。

（3）在心形内侧画一个较小的心形。

（4）以十字定线和对角线为起点，画出宝石的切割面。

（5）擦掉辅助线，添加阴影。

尺寸：14 mm×14 mm。

2.6 方形切割的画法

一、正长方形切割的画法

其具体步骤如下。

(1) 画出十字定线。

(2) 在十字定线上标出宝石长度(18 mm)与宽度(12 mm)的记号后,画出长方形。

(3) 将宝石宽度的一半分成三等分,画出桌面的线条。

(4) 画出宝石的桌面,连接与外面长方形的四个角。

(5) 擦掉辅助线后,添加阴影,如图 2-11 所示。

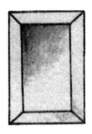

图 2-11

尺寸:18 mm×12 mm。

二、梯形四边形切割的画法

其具体步骤如下。

(1) 画出十字定线,量出长度(18 mm)和宽度(上面线条 12 mm,下面线条 6 mm),并标上记号。

(2) 连接这些记号,形成梯形四边形。

(3) 将上半部分分成三等分(2 mm),宽度就是梯形与桌面之间的尺寸。

(4) 以同样的间隔尺寸画出宝石的桌面,并连接桌面与外面梯形的四个角。

(5) 擦掉辅助线后,添加阴影,如图 2-12 所示。

尺寸:18 mm×12 mm。

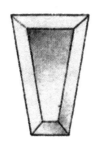

图 2-12

2.7 祖母绿形切割的画法

一、简单祖母绿形切割的画法

其具体步骤如下(见图 2-13)。

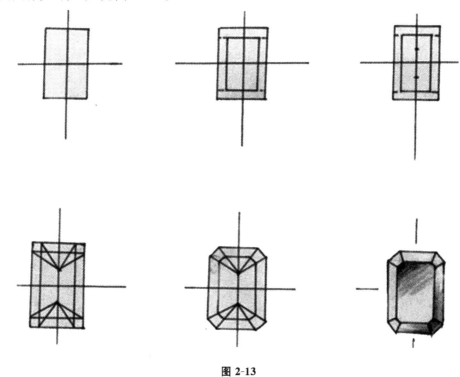

图 2-13

(1) 画出十字定线,决定宝石的长度和宽度后,画出长方形。
(2) 将宽度的一半三等分,在三分之一处画出宝石的桌面。

(3) 以宽度一半的尺寸将宝石三等分并标上记号,连接这些点后,形成宝石的尖底面。

(4) 连接记号点与桌面之延长线和外围长方形之交叉点。

(5) 使用三角板画平行线及宝石切割面,去掉四个角,此时注意宝石是否有歪斜现象,所切除的四个角必须是完全一样的角度。

(6) 擦掉辅助线,添加阴影。

尺寸:18 mm×12 mm。

二、复杂祖母绿形切割的画法

其具体步骤如下(见图 2-14)。

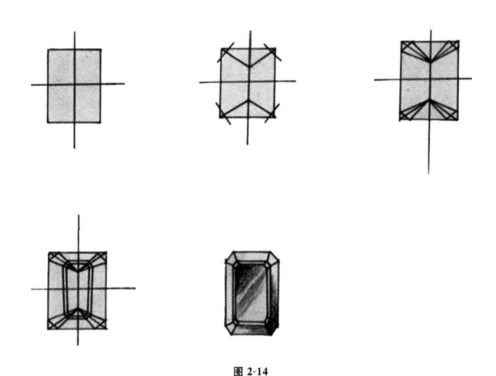

图 2-14

(1) 在十字定线上画出宝石长度与宽度的记号,连接起来形成长方形。

(2) 在纵轴上把宝石的长度三等分,并与四个角连起来,在四个角上画出与斜线互相垂直的线。

(3) 连接三等分与垂直线和长方形之交叉点,形成三角形。

(4) 在内侧以双线画出较小的祖母绿形(八角形)。

(5) 擦掉辅助线,添加阴影。

尺寸:18 mm×15 mm。

2.8 蛋面切割的画法

蛋面切割过程如图 2-15 所示。

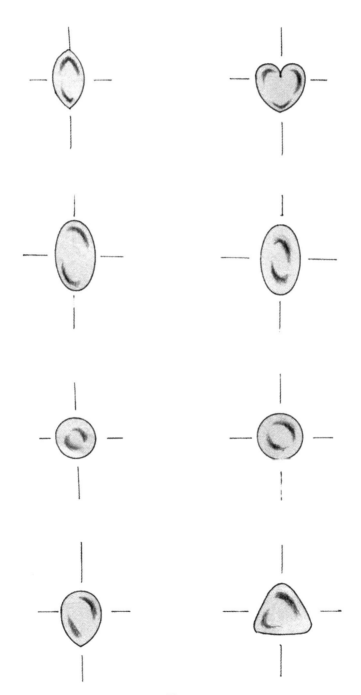

图 2-15

蛋面切割的宝石绘制时要注意的问题：对于蛋面或珍珠等没有切割面的宝石，可沿着其外形的曲线顺畅地添加阴影，晕色时加强左上和右下。如想表现厚的宝石，可将阴影描在靠中心处；如想表现较薄的宝石，可将阴影描在靠边线处。

第三章 贵金属的画法

3.1 轻重线条的应用

一、练习一

先由上而下,再由下而上落笔。注意落笔要重,收笔要轻,比例均衡,四边比例相等,如图 3-1 所示。

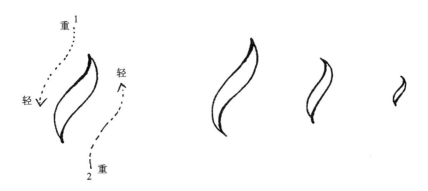

图 3-1

二、练习二

注意着笔要头重尾轻,保持线条流畅,这样图样才有立体感,如图 3-2 所示。

三、练习三

图 3-3 所示的是设计稿中常见的图样,用轻重线条来表达立体感,这些笔法,在以后的设计绘画中常需应用。

珠宝首饰常使用的贵金属有铂金、黄金、K 白金、银等,由于金属有反射光,表面有光泽,因此在绘制贵金属时把亮的部分与阴影部分要以较强的对比来表现。

在处理阴影时,要掌握好晕色的要点,能漂亮地画出光泽面。绘画时要表现出金属的厚

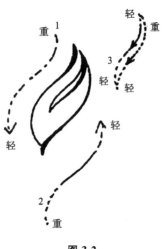

图 3-2

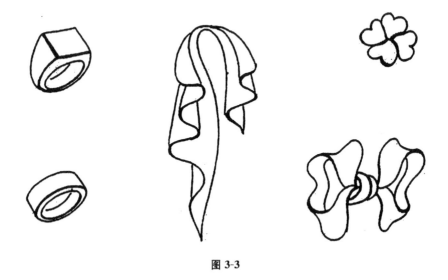

图 3-3

度,无论多薄的金属,设计图必须有最低的厚度。金属有时无法用模板来描画时,必须用徒手来画,可朝着自己最顺手的方向一段段描画,注意线条与线条接合处必须流畅。

请大家观察图 3-4 所示的金属光泽的表现方法。

图 3-4

3.2 平面金属的画法

其具体步骤如下(见图 3-5)。

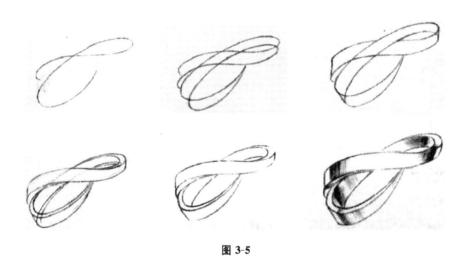

图 3-5

(1) 画一条有动感的线条。
(2) 沿着这条线,突出间隔,以同样的样式画出另一条线(注意第二条线与第一条线之间的空间关系)。
(3) 连接最后的部分。
(4) 描画出厚度。

(5) 将内侧看不到的线擦掉。
(6) 描影。

练习：按图 3-6 所示的图形练习画法。

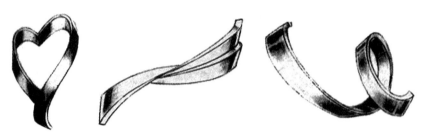

图 3-6

3.3 弯曲面金属的画法

其具体步骤如下（见图 3-7）。
(1) 第 1～3 步与平面金属的画法一样。
(2) 将两侧画成往内侧弯曲。
(3) 将内侧看不到的线擦掉。
(4) 描影。

图 3-7

练习：按图 3-8 所示的图形练习画法。

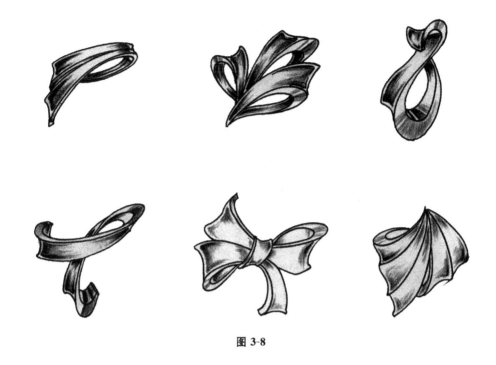

图 3-8

3.4 浑圆面金属的画法

其具体步骤如下(见图 3-9)。

图 3-9

(1) 第 1~3 步与平面金属的画法一样。
(2) 决定其厚度后,描出金属浑圆,鼓起来的线条。
(3) 将内侧看不到的线擦掉。
(4) 描影。

练习:按图 3-10 所示的图形练习画法。

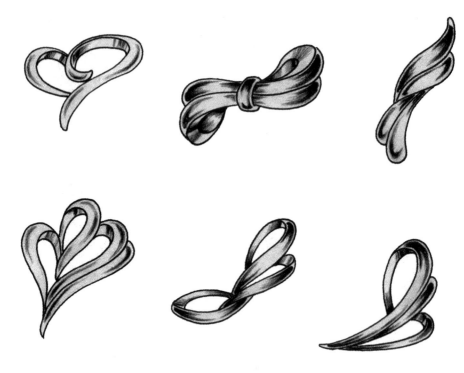

图 3-10

内容延伸

一、平面金属的画法

其具体步骤如下(见图 3-11)。
(1) 先画出一条有动感的线条。
(2) 顺着该线条以适当的间距,画出另一条同样曲度的线条。
(3) 连接两端部分。
(4) 决定厚度后,描出厚度。
(5) 画出厚度。
(6) 擦掉内侧辅助线,添加阴影。

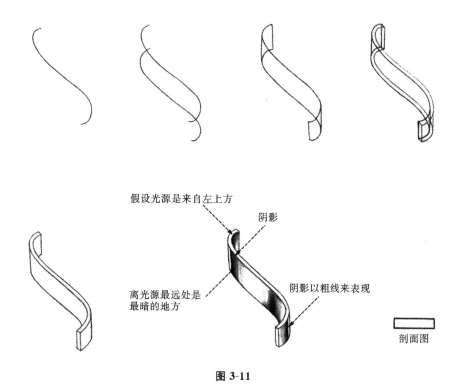

图 3-11

二、圆弧面金属的画法

其具体步骤如下(见图 3-12)。

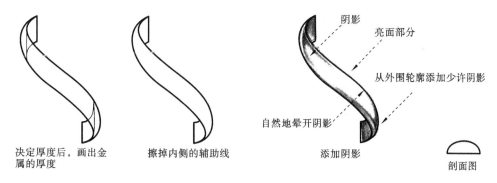

图 3-12

(1) 第 1~3 步与平面金属的画法一样。
(2) 决定厚度后,画出金属的厚度。
(3) 擦掉内侧的辅助线。

三、弯曲面金属的画法

弯曲面金属的画法如图 3-13 所示。

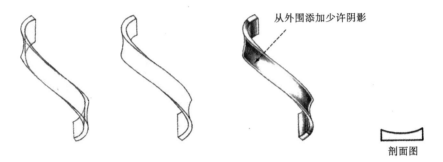

图 3-13

练习:按图 3-14 所示的图形练习画法。

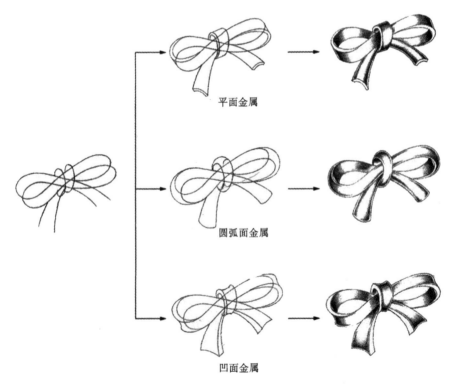

图 3-14

3.5 常见宝石的镶法

大颗宝石一般以爪镶或包镶方式进行镶嵌，小颗宝石的镶法一般为爪镶或钉镶。
常见大颗宝石的上视图如图 3-15 所示。

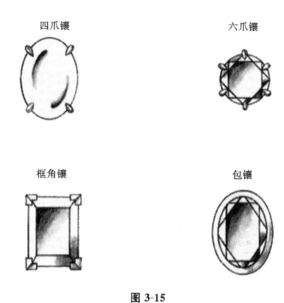

图 3-15

常见大颗宝石的立体图如图 3-16 所示。

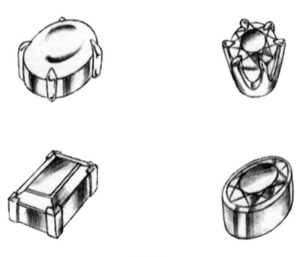

图 3-16

3.6 小颗宝石爪镶的画法

1. 共用镶爪

其具体步骤如下(见图 3-17)。

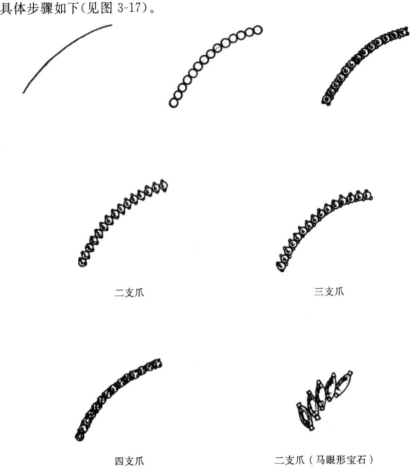

图 3-17

(1) 画出线条。
(2) 以圆形规在中心处,一边比对水平记号,画出圆形。
(3) 画出镶爪及切割面。

2. 夹镶

其具体步骤如下(见图 3-18)。
(1) 画出线条。
(2) 在中心处画出圆形。
(3) 画出覆盖圆形两端(一点点即可)的线,将凸出于线外的圆形边缘擦掉。
(4) 画出间隔 1~1.5 mm 的平行线,并描出切割面。

图 3-18

各种切割宝石的夹镶如图 3-19 所示。

梯形切割宝石的夹镶　　　矩形切割宝石的夹镶　　　矩形切割宝石的单边夹爪镶

图 3-19

3.7　钉镶的画法（配石）

四爪镶的画法，如图 3-20 所示。

 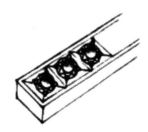

图 3-20

二爪镶的画法,如图 3-21 所示。

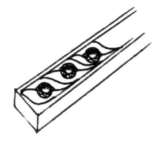

图 3-21

夹镶的画法,如图 3-22 所示。

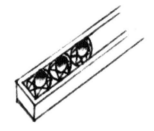

图 3-22

劈花梅钉镶的画法,如图 3-23 所示。

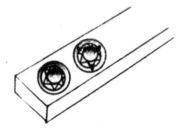

图 3-23

群镶的画法,如图 3-24 所示。

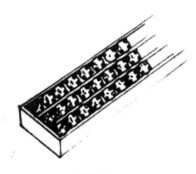

图 3-24

绘制中注意事项:

(1) 强调立体图中的透视关系(包括金属块状体和宝石台面在立体图中的位置的把握);

(2) 强调宝石的刻面表达(主要运用前期所学的复杂琢形画法);

(3) 立体图中爪和宝石的位置关系。

第四章　珠宝首饰设计图的画法及实例

4.1　首饰的画法

珠宝首饰制作是一种精工制作工艺，所使用的材料往往是很珍贵的，如果在制作之前没有精确的设计，很容易造成不必要的损失，因此精确地绘制首饰是非常必要的。

专业的珠宝首饰设计绘图主要是借用了"三面投影体视图"的原理，但又有所不同。"三面投影体视图"简称"三视图"，是指首饰的主视图、俯视图和侧视图，如图4-1所示。它可以准确地表现出首饰的三个方向的准确形象。

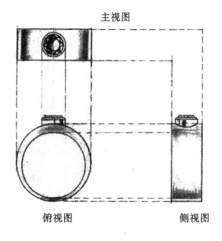

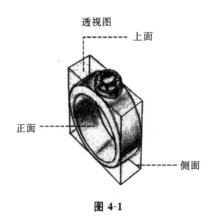

图 4-1

主视图:从物体的前面向后面投射所得的视图——能反映物体的前面形状。
俯视图:从物体的上方向下做正投影得到的视图,也称为顶视图。
侧视图:包括右视图和左视图两个,不过一般而言侧视图就是左视图。

4.2 主视图的画法

其具体步骤如下(见图 4-2)。

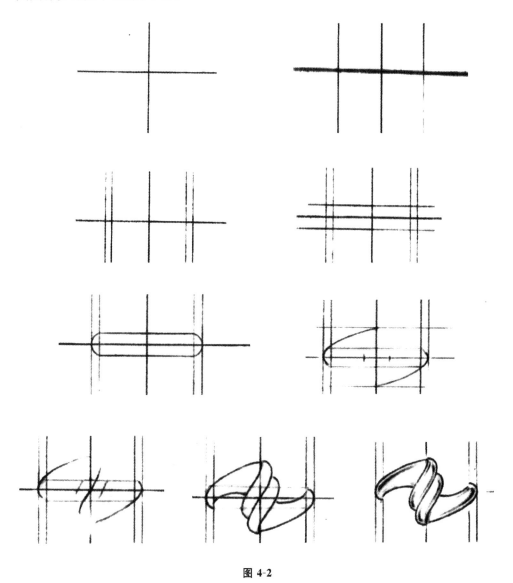

图 4-2

(1) 画出十字定线。
(2) 在中心线左、右两边间隔 8.5 mm 处,画出两条与纵轴平行的平行线,作为戒指的厚度。

(3) 在两侧各间隔 1.5 mm 处，画出平行线。

(4) 画出与横轴间隔各 2 mm 的平行线作为戒指的宽度。

(5) 弧面封口。

(6) 在纵轴标出中心宽度的记号，以手绘方式画出连接的曲线。

(7) 连接横轴上的记号，在中心部分画出一条装饰用的 S 形曲线。

(8) 接着在两侧各加宽度使其成为波浪曲线，重新修正外形。

(9) 擦掉辅助线，添加阴影。

尺寸：20 mm×15 mm。

4.3 俯视图的画法

其具体步骤如下（见图 4-3）。

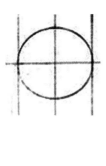

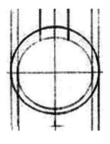
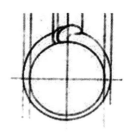
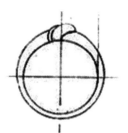

图 4-3

(1) 依据平面图，画出戒指内径为 17 mm 的圆形。
(2) 在圆形外侧画出直径为 20 mm 的半圆形。
(3) 依据平面图下部的线条，画下垂线。
(4) 以手绘方式将这些连接起来，画出戒指外形。
(5) 擦掉辅助线。
(6) 描影。

4.4 侧视图的画法

其具体步骤如下（见图 4-4）。
(1) 依据正面图标出厚度及高度，再依据平面图标出宽度，最后连接这些线。
(2) 连接从顶部到底部各交叉点的曲线。
(3) 以手绘方式画出细部的线条。
(4) 擦掉辅助线，添加阴影。

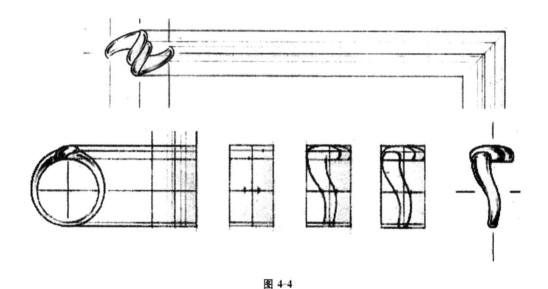

图 4-4

4.5 立体图的画法

其具体步骤如下。
(1) 用 18 cm 的椭圆画一戒圈，然后用 16 cm 椭圆画内圈，在中间画出高度及深度延伸的方向（见图 4-5）。

图 4-5

（2）在中间标出戒面曲线的记号，以手绘方式连接起来，这些线条必须连至戒圈的两端（见图 4-6）。

图 4-6

（3）在顶部添加装饰的波浪曲线（见图 4-7）。

图 4-7

（4）擦掉辅助线，描上阴影（见图 4-8）。

图 4-8

4.6 项链的画法

项链的周长在没有特别指定时一般长度为 40 cm（直径为 13 cm）。项链中如有吊坠，则要画出它的侧面图。

项链的平面图画法如下（见图 4-9）。

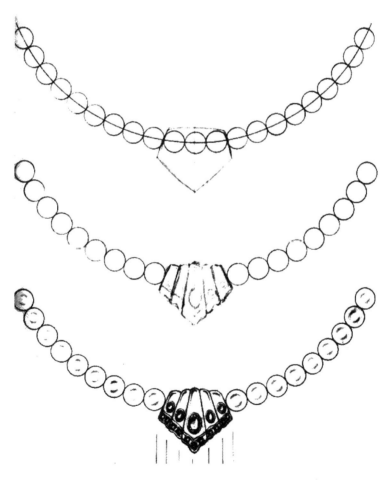

图 4-9

（1）定出线条，用圆规画出直径为 13 cm 的圆，在线条上画出并排的珍珠，在中心用笔轻轻地画出金属外轮廓。

（2）大致画出吊坠部分的款式，并添加宝石。

（3）画上珍珠及金属部分的阴影，完成平面图。

项链的侧视图画法如下（见图 4-10）。

（1）画下中间部分（吊坠）的垂线，在下端面与面接触处标出记号。

（2）连接各个点，画出侧面图。

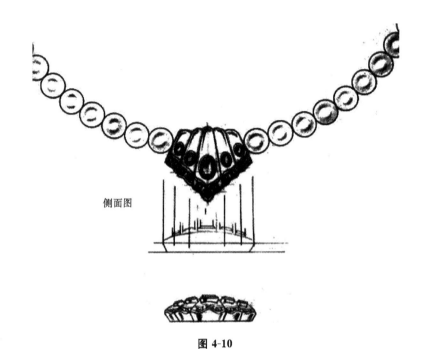

侧面图

图 4-10

绘画中应注意的问题：

（1）注意项链侧面图的线与正面图的线是一一对应的关系；

（2）先画出大概的弧线，再在上面添加宝石和镶口侧面；

（3）注意整体的把握。

项链的绘画如下（见图 4-11）。

（1）对图形进行观察和分析，找出组成项链的设计元素。

（2）画出项饰的三分之一弧线以及中间对称轴。

（3）草稿构图画出装饰部分的整体造型。

（4）整理线条，深入到局部。

（5）擦掉辅助线，上明暗。

绘画中应注意的问题：

（1）项链三分之一弧线画得要准确；

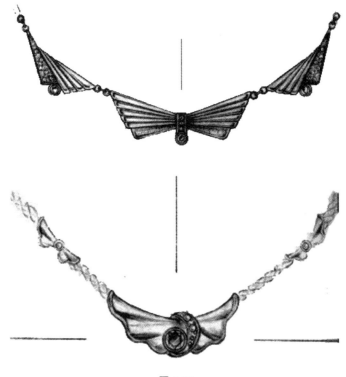

图 4-11

(2) 项饰的装饰部分造型要对称;
(3) 对造型的细节部分把握精确;
(4) 线条还要再流畅、有变化。

4.7 耳环纯金属造型练习

耳饰可分为耳钉、耳环、耳坠、耳钳。

一、耳饰的绘画方法一

其具体步骤如下。
(1) 定出耳扣的位置,画出单边耳饰的草稿,如图 4-12 所示。
(2) 使用描图纸画出另外一边相对的图形,如图 4-13 所示。
(3) 使用模板画出珍珠造型,如图 4-14 所示。
(4) 清楚地画出配石及其他线条,并上明暗,如图 4-15 所示。
绘画中应注意的问题:
(1) 左、右两支耳饰位置要对称;
(2) 侧视图中耳饰的耳钉绘画位置;

图 4-12

图 4-13

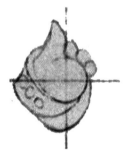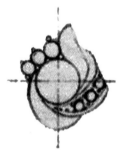

图 4-14

图 4-15

(3) 带有簧扣的耳饰,绘画时要注意簧扣的表达;

(4) 对于有小粒宝石的,要强调台面阴影,增加其表现力。

二、耳饰的绘画方法二

其具体步骤如下(见图 4-16)。

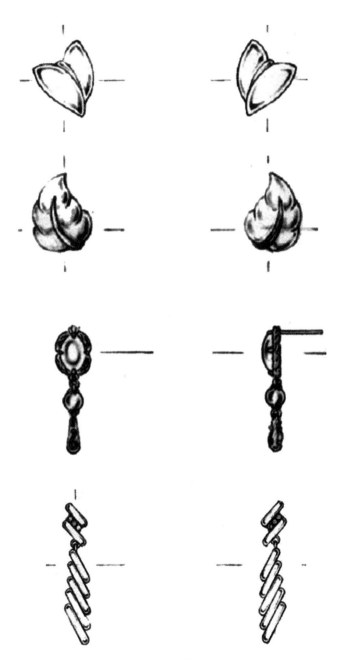

图 4-16

(1) 对图形进行观察和分析。

(2) 画辅助线(十字线)。

(3) 确定左、右两个耳饰的造型。

(4) 草稿构图。

(5) 整理线条。

(6) 擦掉辅助线,上明暗。

练习:按图 4-17 所示进行耳饰画法练习。

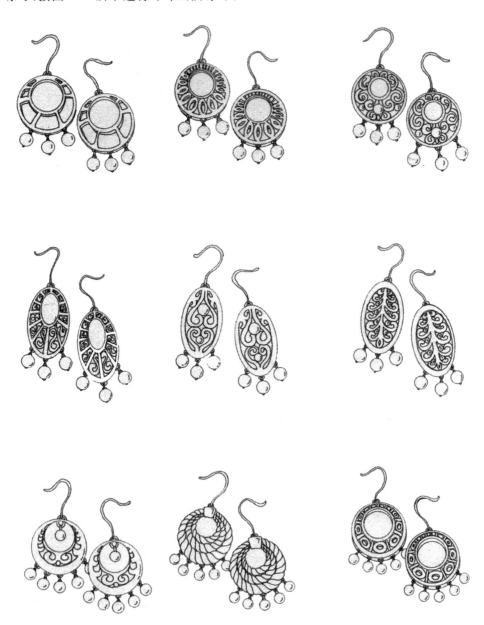

图 4-17

4.8 吊坠画法

一、简单吊坠的画法

其具体步骤如下。

(1) 在十字线中央画出宝石,如图 4-18 所示。

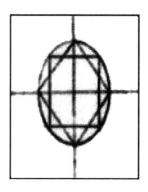

图 4-18

(2) 画上四个爪并表上宽度,如图 4-19 所示。

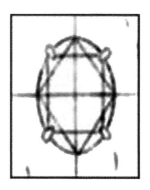

图 4-19

(3) 画出吊坠的整个外形,如图 4-20 所示。
(4) 画上裴氏及小石的镶爪,如图 4-21 所示。
(5) 上明暗,如图 4-22 所示。

二、复杂吊坠的画法

其具体步骤如下(见图 4-23)。

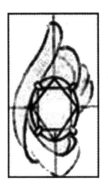

图 4-20

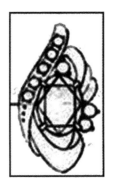

图 4-21

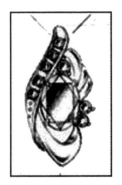

图 4-22

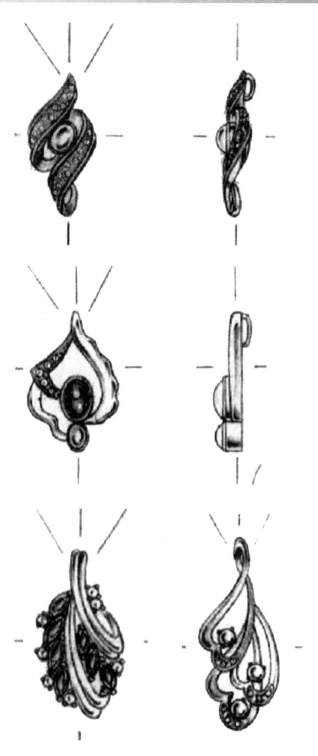

图 4-23

(1) 对图形进行观察和分析。

(2) 画辅助线(十字线)。

(3) 确定中心宝石的位置。

(4) 画出整个吊坠的造型(由整体到局部)。

(5) 整理线条。

(6) 擦掉辅助线,上明暗。

练习:按图 4-24 所示的图形进行吊坠造型的练习。

图 4-24

4.9 胸针的绘制

胸饰的正面是装饰主面,背面是固定在衣服上的佩戴装置。

胸饰的佩戴方式有别针式、插针式及钮式等。

胸针主视图画法的具体步骤如下(见图 4-25)。

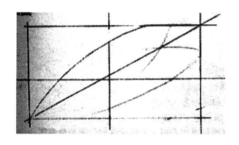
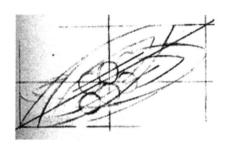
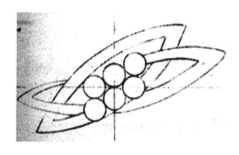
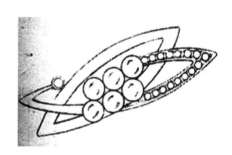
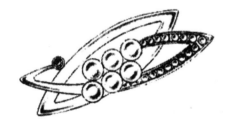

图 4-25

(1) 在十字定线画出胸针大致的尺寸。
(2) 确定金属部分的轮廓及珍珠的位置后,画出大概的草图。
(3) 将金属部分以手绘方式清楚地画上去。

（4）擦掉多余的线条，再画上配石。

（5）添加阴影。

胸针侧视图画法的步骤如下（见图 4-26）。

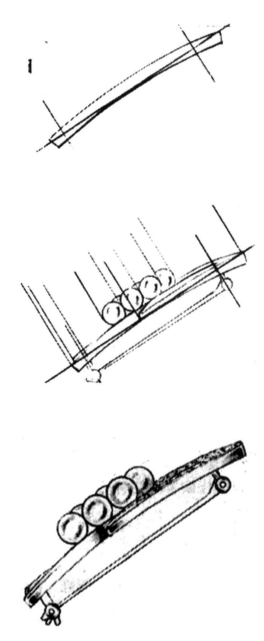

图 4-26

(1) 画出与胸针针扣相对的垂线,并定出其厚度。
(2) 确定珍珠的位置之后,画出金属的几条重点垂线。
(3) 将各点连接起来。
练习:按图 4-27 所示的图形进行胸针绘制的练习。

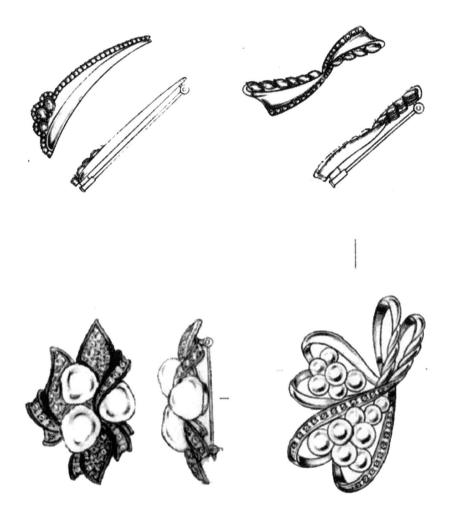

图 4-27

胸针的绘画中应注意的问题:
(1) 胸针的侧视图结构的把握要精确;
(2) 胸针的整体造型要准确;
(3) 对造型的细节部分的把握要精确;

(4) 线条要注意流畅且有变化。

4.10 手镯的绘制

手镯主要分硬镯和软镯两种。
硬镯：不能变形，有死圈的、开口的、对开的、四节的等款式。
软镯：可以变形，有链条式、多节连接式、串珠式、手表链式等结构。
硬式手镯与戒指一样，也要画三视图及立体图，通常是 16～22 cm。
手镯主视图画法的具体步骤如下。
（1）定出链节之示式及链节之间的衔接方式，如图 4-28 所示。

图 4-28

（2）使用描图纸描出个别链节，并排列在一起，核对尺寸，若尺寸太大或太小，则可在此时做调整，如图 4-29 所示。

图 4-29

（3）画出衔接之环扣，并修饰细部。
手镯侧视图如图 4-30 所示。
以连接方式画出侧面图时，要注意衔接部分是否平滑、流畅。
练习：按图 4-31 所示的图形进行手镯、手链绘制的练习。
绘画中应注意的情况：
（1）手镯的透视关系；
（2）手链的设计元素要统一；

第四章　珠宝首饰设计图的画法及实例 | 49

图 4-30

图 4-31

(3) 首饰细节的把握要精确；

(4) 线条要注意流畅且有深浅变化。

4.11 男士珠宝的画法

常见的男士珠宝主要有领夹、袖扣、领针等，一般为直线条设计，以体现男性的刚强。

男士珠宝主视图的画法具体步骤如下。

(1) 定出长度及宽度，如图 4-32 所示。

图 4-32

(2) 画出大致草图，如图 4-33 所示。

图 4-33

(3) 画上主石及配石，添加阴影，如图 4-34 所示。

男士珠宝的侧视图如图 4-35 所示。

男士袖扣主视图的画法具体步骤如下。

(1) 确定出袖扣的长度和宽度，设计出单边的图样，如图 4-36 所示。

(2) 使用描图纸复描，再画出相反的另一边，如图 4-37 所示。

(3) 画出主石和配石，添加阴影，如图 4-38 所示。

男士袖扣侧视图如图 4-39 所示。

图 4-34

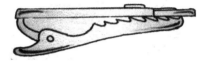

图 4-35

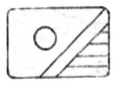

图 4-36

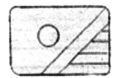 

图 4-37

图 4-38

图 4-39

参 考 文 献

[1] 谢意红.首饰设计[M].长沙:湖南大学出版社,2008.
[2] 日本宝饰学院.珠宝设计绘图入门[M].珠宝界杂志社,译.济南:经纬图书有限公司,1995.

第四章　珠宝首饰设计图的画法及实例 | 51

图 4-34

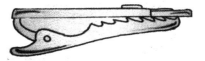

图 4-35

图 4-36

图 4-37

图 4-38

图 4-39

参 考 文 献

[1] 谢意红.首饰设计[M].长沙:湖南大学出版社,2008.
[2] 日本宝饰学院.珠宝设计绘图入门[M].珠宝界杂志社,译.济南:经纶图书有限公司,1995.